Bibliografische Information der Deutschen Nationalbibliothek:

Die Deutsche Bibliothek verzeichnet diese Publikation in der Deutschen National-
bibliografie; detaillierte bibliografische Daten sind im Internet über http://dnb.d-
nb.de/ abrufbar.

Impressum:

Copyright © 2016 GRIN Verlag, Open Publishing GmbH
Druck und Bindung: Books on Demand GmbH, Norderstedt Germany
ISBN: 9783668367067

Dieses Buch bei GRIN:

http://www.grin.com/de/e-book/349145/energieeffizienz-im-pkw-verkehr

Michael Gekko

Energieeffizienz im PKW-Verkehr

GRIN Verlag

Hochschule für Wirtschaft und Recht Berlin

Fachbereich 1 Wirtschaftswissenschaften

Themenfeld: Nachhaltiges Wirtschaften in Theorie und Praxis

Sommersemester 2016

Energieeffizienz im PKW-Verkehr

von Michael Gekko

Studiengang Business Administration

Berlin, den 17.08.2016

Inhalt

Abkürzungsverzeichnis

BMW	Bayerische Motoren Werke
CO_2	Kohlenstoffdioxid
EmoG	Elektromobilitätsgesetz
EnergieStG	Energiesteuergesetz
Kfz-Steuer	Kraftfahrzeugsteuer
MinöStG	Mineralölsteuergesetz
NEFZ	Neuer Europäischer Fahrzyklus
PKW	Personenkraftwagen

1 Einleitung

Der effiziente Umgang mit Energie und die Nutzung von erneuerbaren Energiequellen wird immer wichtiger. Die Ressourcenknappheit von fossilen Energieträgern wie Öl, Kohle und Erdgas, der Klimawandel, verursacht unter anderem durch die enormen Emissionen von Treibhausgasen, und der steigende Energiebedarf, bedingt durch die wachsende Erdbevölkerung, zwingt die Länder zum Handeln. Dr. Barbara Hendricks, Bundesministerin für Umwelt, Naturschutz, Bau und Reaktorsicherheit, stellt fest, dass „[…] wir die letzte Generation [sind], die den Klimawandel noch auf ein beherrschbares Maß begrenzen kann."[1]

Weltweit wurden im Jahr 2013 rund 35 Milliarden Tonnen Kohlenstoffdioxid (CO_2) ausgestoßen, alleine in Deutschland waren es im gleichen Jahr über 800 Millionen Tonnen. Die Gesamtemission aller Treibhausgase lag in Deutschland bei 951 Millionen Tonnen. Das Ziel für 2020 beläuft sich auf 750 Millionen und 2050 auf maximal 250 Millionen Tonnen. Eine Reduktion der weltweiten CO_2-Emissionen um mehr als 50 Prozent bis zum Jahr 2100 ist laut Experten unumgänglich, wenn durch die globale Erderwärmung unumkehrbare Schäden an Klima und Umwelt vermieden werden sollen. Verschiedene Szenarien zeigen, dass dieses Ziel nur mit Energieeffizienz erreichbar ist, sowohl für Deutschland als auch die gesamte Welt.[2]

Die Leistung des Personenverkehrs hat sich seit 1980 verdoppelt, wohingegen der Energieverbrauch dieses Sektors nur um 20 Prozent gestiegen ist. Durch Effizienzverbesserungen konnte der Anstieg des Energieverbrauchs also bereits teilweise kompensiert werden.[3] Im Folgenden soll gezeigt werden welche Möglichkeiten der Effizienz alleine der Bereich Verkehr nur bezogen auf Personenkraftwagen (PKW) bietet. Unter anderem werden verschiedene alternative Antriebskonzepte vorgestellt, unterschiedliche Technologien vor allem auch für konventionelle Antriebe näher erläutert und auch Möglichkeiten des Kraftstoffsparens dargelegt, die jeder Fahrzeughalter anwenden kann ohne die Kilometerleistung zu reduzieren. Die meisten dieser Konzepte sind bereits im Einsatz aber noch nicht so weit verbreitet.

---

[1] co2online: Informationsbroschüre Klimaschutz und Energieeffizienz, S. 6.
[2] Vgl. co2online: Informationsbroschüre Klimaschutz und Energieeffizienz, S. 14f.
[3] Vgl. Helms et al. (2010), S. 309.

Außerdem soll der Frage nachgegangen werden, wie hoch die Einsparpotenziale der einzelnen Konzepte sind und welche im Endeffekt wirklich eine Effizienzsteigerung zur Folge haben.

2 Energieeffizienz

2.1 Definition von Energieeffizienz

Effizienz im Allgemeinen beschreibt das Verhältnis von Nutzen zu Aufwand. Die gleiche Dienstleistung mit einem geringeren Einsatz von Energie durchzuführen, wäre effizient. Somit ist Energieeffizienz das Verhältnis von Ertrag an Energie zu Energieeinsatz. Allerdings muss eine strikte Abgrenzung zu den Begriffen Energiesparen und Effektivität erfolgen. Bei ersterem handelt es sich um einen Verzicht auf die Nutzung von Energie. Zum Beispiel wird auf die Fahrt zum Becker mit dem Auto verzichtet und stattdessen Brötchen aus der Tiefkühltruhe aufgebacken. In diesem Fall wird zwar Energie gespart, aber es handelt sich dabei nicht um eine Erhöhung der Energieeffizienz. Effektivität beschreibt die Wirksamkeit eines Vorgangs, wobei der Mitteleinsatz keine Rolle spielt. Ganz im Gegensatz zur Effizienz, die das Ziel verfolgt, den Mitteleinsatz so gering wie möglich zu halten.[4]

Diese Definition lässt sich auch auf das energiewirtschaftliche Verständnis von Effizienz übertragen. Dabei werden Energieträger zur Erfüllung bestimmter Dienstleistungen genutzt. Ein Beispiel hierfür wäre die komfortable Fortbewegung mit einem PKW. Die Notwendigkeit dieser Dienstleistungen rührt daher, dass ein Nicht-Gleichgewichtszustand aufrechterhalten werden soll. In Bezug auf das weiter oben erwähnte Beispiel, wäre das die Fortbewegung mit einer nicht-reibungsfreien Bewegung. Um zu verhindern, dass der Gleichgewichtszustand wieder erreicht wird, kann entweder Energie aufgewendet werden (aktiv) oder sogenannte Barrieren errichtet werden (passiv). Letzteres ist beim PKW unter anderem durch die Abgaswärmenutzung (siehe Abschnitt 5.2) möglich. Zusammenfassend lässt sich Energieeffizienz als die Reduzierung des Energieeinsatzes bezeichnen, der nötig ist um eine Dienstleistung zu erbringen.[5]

Generell wird zwischen vier Energiebegriffen unterschieden, die entlang der Energieumwandlungskette entstehen. Bei der Energieumwandlungskette handelt es sich um

[4] Vgl. co2online: Informationsbroschüre Klimaschutz und Energieeffizienz, S. 9.
[5] Vgl. Pehnt (2010), S. 2.

den Prozess der Energieverarbeitung vom Rohstoff bis zur Nutzenergie, die der Verbraucher in Form von zum Beispiel Wärme oder Licht erhält. Die zu differenzierenden Energiebegriffe sind die Primärenergie, die Sekundärenergie, die Endenergie und die Nutzenergie. Als Primärenergie wird der Energiegehalt eines Rohstoffs bezeichnet, der ohne Umformung oder Verarbeitung in der Natur vorkommt. Zu diesen Energieträgern gehören sowohl die erneuerbaren Energien, wie Erdwärme, Wasserkraft, Windkraft, Sonnenenergie und Gezeitenenergie, als auch die fossilen Energieträger, wie Erdöl, Erdgas und Kohle. Die Primärenergie wird in Kraftwerken oder Raffinerien in Sekundärenergie umgewandelt. Durch diesen Umwandlungsprozess und durch den Transport in Leitungen geht Energie verloren. Unterschieden wird bei der Sekundärenergie zwischen veredelten Produkten und leitungsgebundenen Energieträgern. Zu Ersterem gehören Heizöl, Benzin, Briketts und Koks. Erdgas, Strom, Fernwärme und Wasserstoff zählen zu den leitungsgebunden Energieträgern. Das beim Verbraucher schließlich ankommende Heizöl, Benzin oder Strom wird als Endenergie bezeichnet, dabei ist ein weiterer Verlust durch Umwandlung oder Transport möglich. Schlussendlich wird die Endenergie in Nutzenergie umgewandelt. Dies geschieht in Maschinen, Lampen, Haushaltsgeräten und Heizanlagen. Die Nutzenergie umfasst also unter anderem Licht, Wärme oder mechanische Energie.[6]

An dieser Stelle sollten noch die sogenannten Rebound-Effekte erwähnt werden, die der Senkung des Energieeinsatzes entgegenwirken. Es wird allgemein zwischen verschiedenen Arten des Rebound-Effekts unterschieden. Dazu zählen unter anderem der direkte und der indirekte Rebound. Wird eine effizienter angebotene Dienstleistung stärker nachgefragt, handelt es sich um einen direkten Rebound-Effekt. Wenn also beispielsweise auf Grund eines geringeren Kraftstoffverbrauchs der PKW häufiger genutzt wird. Ein Rebound wirkt hingegen indirekt, wenn Kosteneinsparungen durch effizienzsteigernde Maßnahmen in anderen Bereichen dafür eine erhöhte Nachfrage nach sich ziehen. Zum Beispiel werden die Stromkosten reduziert, wobei das eingesparte Geld für zusätzliche Fahrten mit dem PKW verwendet wird.[7]

---

[6] Vgl. co2online: Informationsbroschüre Klimaschutz und Energieeffizienz, S. 11.
[7] Vgl. Pehnt (2010), S. 5f.

2.2 Bedeutung von Energieeffizienz

Die Gründe Energie effizienter zu nutzen sind vielfältig. Angefangen von der sinkenden Abhängigkeit von Energieimporten über die Entlastung der privaten Haushalte bis zur Verbesserung der Umwelt.[8]

Fossile Brennstoffe sind nicht nur endliche Ressourcen, sondern sie setzen bei der Verbrennung auch Stickoxide, Schwefeldioxid und Kohlenstoffdioxid frei. CO_2 sorgt für eine Verstärkung des Treibhauseffekts, was zur globalen Erderwärmung führt. Daneben sind auch Änderungen der Niederschlagsverteilung, eine Verschiebung von Klima- und Vegetationszonen sowie ein Anstieg von extremen Wettersituationen wie Stürme und Starkregen in Zukunft zu erwarten. Auch eine Verschlechterung der Böden wird erwartet, was die bereits angespannte Welternährungssituation gravierend verschlechtern würde. Der CO_2-Ausstoß weltweit ist seit der Industrialisierung um 1.000 Milliarden Tonnen pro Jahr gestiegen, alleine 80 Prozent davon in den vergangenen 50 Jahren. Aufgrund des Bevölkerungswachstums und der anhaltenden wirtschaftlichen Entwicklung, ist davon auszugehen, dass der Bedarf an Energie ebenfalls weiter steigen wird. Somit wird auf Grund von Berechnungen geschätzt, dass jeder Mensch auf der Welt in Zukunft nur noch eine Tonne CO_2 emittieren darf, um die Erderwärmung zu stoppen. Aktuell liegt der CO_2-Ausstoß in Deutschland bei zwölf Tonnen pro Kopf, in den USA sogar bei 20 Tonnen. Dieses Ziel kann nur durch Energieeffizienz erreicht werden.[9]

3 Politische Insrumente

3.1 Förderungen

Zu den politischen Instrumenten zählen auch staatliche Förderungen oder Bevorzugungen für Halter eines Fahrzeugs, welches mit erneuerbaren Energien angetrieben wird. Ziel ist es den Menschen einen Umstieg von Benzinmotoren oder Dieselmotoren auf Elektromotoren schmackhaft zu machen. Das Elektromobilitätsgesetz (EmoG) zählt zu diesen Bevorzugungen, ermöglicht es doch den Kommunen in Deutschland Elektrofahrzeugen Sonderrechte einzuräumen. Dies beinhaltet gesonderte Fahrspuren, Parkbevorrechtigungen und Parkgebührenbefreiungen. Die Umsetzung ist aber nicht verpflichtend. Eine Befreiung von Parkgebühren ist in Deutschland nicht gesetzlich geregelt. In

---

[8] Vgl. co2online: Informationsbroschüre Klimaschutz und Energieeffizienz, S. 13.
[9] Vgl. co2online: Informationsbroschüre Klimaschutz und Energieeffizienz, S. 13ff.

Stuttgart ist es für Anwohner aber möglich einen Sonderparkausweis zu beantragen, mit dem ein gebührenfreies Parken im gesamten Stadtgebiet möglich ist.[10]

Eine weitere Möglichkeit der Förderung, die in Deutschland momentan allerdings nicht umgesetzt wird, ist die Kaufprämie. Dabei handelt es sich um eine Subvention für den Kauf eines Elektroautos. Denkbar wäre eine Kaufprämie oder ein Erlass der Mehrwertsteuer. Letzteres ist in Norwegen geregelt, wo der Kauf eines Elektroautos mit einer Minderung der Mehrwertsteuer um 25 Prozent einhergeht. In Frankreich erhalten die Käufer eines Elektrofahrzeugs einen Bonus von bis zu 7.000€, wenn der CO_2-Ausstoß geringer als 110 gCO_2 pro Kilometer ist. Beträgt die Emission mehr als 135 gCO_2 pro Kilometer, wird der Halter mit einem Malus belegt, der bei 231 gCO_2 pro Kilometer schon bei 6.000€ liegt. Die Wirkung auf den Absatz ist dabei in Norwegen deutlich größer als in Frankreich.[11]

Die Bundesregierung kündigte ebenfalls an, weitere Maßnahmen für ein effizienteres Fahren zu ergreifen. Unter anderem zieht sie in Betracht, Gutscheine für Spritsparkurse beim Erwerb eines Neuwagens an den Halter zu verschenken. Ferner soll ein spezielles Gesetz das Car Sharing unterstützen.[12] Beides wird in Abschnitt 4.1 beziehungsweise 4.2 noch weiter erläutert.

3.2 Gesetze

Um den Energieverbrauch und die Treibhausgasemission im deutschen PKW-Verkehr zu reduzieren, bedienen sich sowohl die Europäische Union als auch Deutschland gesetzlicher Instrumente. Einige ausgewählte Gesetze werden im Folgenden näher erläutert.[13]

Die Mineralölsteuer regelt in Deutschland unter anderem die Besteuerung fossiler Energieträger, wie zum Beispiel Gas, Mineralöl und Kohle, und wird nach dem Energiesteuergesetz (EnergieStG) erhoben. Im Jahr 2006 hat das EnergieStG das Mineralölsteuergesetz (MinöStG) abgelöst. Bei der Mineralölsteuer handelt es sich um eine Verbrauchssteuer, die bei Benzin 0,65€ pro Liter und bei Diesel 0,47€ pro Liter be-

---

[10] Vgl. Kreyenberg (2016), S. 18.
[11] Vgl. Kreyenberg (2016), S. 18.
[12] Vgl. co2online: Informationsbroschüre Klimaschutz und Energieeffizienz, S. 96.
[13] Vgl. Kreyenberg (2016), S. 13.

trägt.[14] Sie wird als wichtiges Instrument gesehen, um den Verbrauch von PKW-Antrieben langfristig zu senken und die Fahrleistung zu reduzieren. Als Aufschlag zu der Mineralölsteuer kommt noch die Ökosteuer, die sowohl bei Benzin als auch bei Diesel 0,15€ pro Liter beträgt. Ziel ist hier eine langfristige Effizienzsteigerung.[15]

Ein weiteres gesetzliches Instrument stellt die Kraftfahrzeugsteuer (Kfz-Steuer) da, die jährlich vom Fahrzeughalter entrichtet werden muss, um eine Zulassung zum Straßenverkehr zu erhalten. Die Bemessung der Kfz-Steuer richtet sich nach dem Motor des Fahrzeugs. Handelt es sich bei dem Antrieb des Fahrzeugs um einen Hubkolben-Verbrennungsmotor, so bemisst sich seit dem 01.07.2009 die Kfz-Steuer sowohl nach dem Hubraum als auch den CO_2-Emissionen. Bei Dieselmotoren beträgt die Steuer pro angefangene 100 cm³ Hubraum 9,50€ bei Ottomotoren 2,00€.[16] Ab 95 Gramm CO_2-Emission pro Kilometer beträgt die CO_2-basierte Komponente 2,00€ pro Gramm. Das bedeutet, Autos, deren CO_2-Ausstoß geringer als 95 Gramm pro Kilometer ist, sind von diesem Teil der Steuer befreit.[17] Momentan fällt für PKWs, die ausschließlich über einen Elektromotor verfügen keine Kfz-Steuer an. Fahrzeuge, die zwischen dem 18.05.2011 und dem 31.12.2015 erstmals zugelassen wurden, sind für zehn Jahre von der Steuer befreit und Fahrzeuge die zwischen dem 01.01.2016 und dem 31.12.2020 zum ersten Mal angemeldet wurden oder werden, müssen die ersten fünf Jahre keine Steuer zahlen.[18]

4 Verkehr

4.1 Effizientes Fahren

Ein geringerer Kraftstoffverbrauch senkt auch die Treibhausgasemissionen. Um weniger Sprit zu verbrauchen, sind nicht zwingend neue Technologien notwendig. Durch eine kraftstoffsparende Fahrweise ist eine Reduzierung des Verbrauchs um bis zu 20 Prozent realistisch.[19] Laut Bundesumweltministerium besteht die Möglichkeit im Jahr

---

[14] Vgl. EnergieStG
[15] Vgl. Kreyenberg (2016), S.13.
[16] Vgl. KraftStG
[17] Vgl. co2online: Informationsbroschüre Klimaschutz und Energieeffizienz, S. 96.
[18] Vgl. KraftStG
[19] Vgl. ADAC: Spritspar-Training – Den Fahrstil der Zukunft trainieren.

den Ausstoß von bis zu fünf Millionen Tonnen CO_2 zu vermeiden, allein durch sparsames Fahren.[20] Im Folgenden werden einige Tipps zum Spritsparen näher erläutert.

Ein wesentlicher Punkt betrifft das Fahren an sich. Schon beim Starten des Motors sollte darauf geachtet werden, dass das Gaspedal nicht betätigt wird und anschließend sofort losgefahren wird, also kein Warmlaufen des Motors im Stand stattfindet. Nach ungefähr einer Wagenlänge sollte bereits in den zweiten Gang geschaltet werden. Generell ist ein frühzeitiges Hochschalten bei einer Drehzahl von 2000 Umdrehungen pro Minute empfehlenswert. Dabei kann im Stadtverkehr ruhig bis in den fünften Gang hochgeschaltet werden, denn eine geringe Drehzahl spart Kraftstoff und schont somit die Umwelt.[21]

Ebenfalls wichtig ist vorrausschauend zu Fahren. Dabei sollte ein ausreichender Abstand zum Vordermann eingehalten werden, um bei einem Hindernis nicht gleich abbremsen zu müssen. Somit wird der hohe Verbrauch, der beim Anfahren entsteht, umgangen.[22] Daneben ist auch der richtige Reifendruck entscheidend. Der vorgeschriebene Luftdruck oder auch etwas mehr sollte eingehalten werden, da dadurch genauso der Kraftstoffverbrauch und Schadstoffausstoß verringert wird, sowie zusätzlich die Sicherheit erhöht wird.[23]

Das Gewicht des Autos spielt ebenso eine große Rolle für den Spritverbrauch. Deshalb sollte dafür gesorgt werden, nicht unnötigen Ballast zu transportieren. Je höher das Gewicht desto mehr Kraft beim Beschleunigen muss aufgewendet werden und dafür wird dementsprechend auch mehr Kraftstoff benötigt.[24] 100 Kilogramm zusätzliches Gewicht sorgen ungefähr für einen höheren Verbrauch von einem halben Liter pro 100 Kilometer. Ferner wirkt sich Ballast in Form von Dachgepäck nicht nur durch das Gewicht negativ auf den Spritverbrauch aus, sondern auch durch die schlechtere Aerodynamik. So steigt der Verbrauch bei einem Transport von drei Fahrrädern auf dem Dach des Fahrzeugs und einer Fahrgeschwindigkeit von 100 Kilometern pro Stunde um vier Liter pro 100 Kilometer. Auch bei einem unbeladenen Skihalter steigt der Verbrauch bereits um einen Liter.[25] Durch geöffnete Fenster oder Schiebedächer wird die Aerodynamik ebenfalls beeinflusst, was wiederum zu einem höheren Kraftstoffverbrauch führt. Beidseitig

---

[20] Vgl. Verkehrsclub Deutschland: Zehn Spritspartipps.
[21] Vgl. ADAC: Sparen beim Fahren – Die Fahrweise hat den größten Einfluss auf den Verbrauch.
[22] Vgl. Verkehrsclub Deutschland: Zehn Spritspartipps.
[23] Vgl. ADAC: Sparen beim Fahren – Reifen-Luftdruck kontrollieren.
[24] Vgl. ADAC: Sparen beim Fahren – Abgespeckt läuft das Auto leichter.
[25] Vgl. Verkehrsclub Deutschland: Zehn Spritspartipps.

offene Fenster, bei einer Fahrgeschwindigkeit von 100 Kilometern pro Stunde, können beispielsweise zu einem Mehrverbrauch von 0,2 Litern pro 100 Kilometer führen.[26]

Die richtige Wahl des Motoröls spielt beim Verbrauch auch eine wichtige Rolle. Sogenannte Leichtlauf-Motoröle sind im Vergleich zu herkömmlichen Mineralölen kraftstoffsparender. Diese können die Reibung im Motor reduzieren, wodurch der Motor leichter dreht und somit Energie gespart werden kann. So kann beim Kurzstreckenverkehr ein Spareffekt von bis zu sechs Prozent eintreten.[27]

4.2 Car Sharing

Beim Car Sharing handelt es sich um ein Konzept des kurzfristigen Mietens eines PKWs. Die Fahrzeuge sind in einem bestimmten Stadtgebiet verteilt und können in diesem Bereich auch wieder geparkt und für den nächsten Kunden überlassen werden. Gegen eine Nutzungsgebühr, die sich nach der Nutzungszeit und den zurückgelegten Kilometern berechnet, kann das Fahrzeug gemietet werden. Diese Gebühr beinhaltet alle Kosten die mit der Nutzung eines privaten PKWs einhergehen, wie Steuern, Versicherungskosten, Benzinkosten und Reparaturkosten. Zusätzlich ist in den meisten Fällen noch eine Anmeldegebühr sowie eine monatliche oder jährliche Grundgebühr zu entrichten.[28]

Der Vorteil des Car Sharings liegt in den nicht vorhandenen Anschaffungskosten und den reduzierten Betriebskosten im Vergleich zum Besitz eines eigenen PKWs. Darüber hinaus ist auch kein Stellplatz von Nöten. Dadurch kann das Car Sharing den PKW-Bestand deutlich reduzieren, da acht private Autos durch ein Car Sharing Auto ersetzt werden können. Dies führt zu einer Reduzierung der Produktion von Fahrzeugen und einer damit einhergehenden Einsparung von Treibhausgasen. In der Schweiz zum Beispiel konnte durch die Nutzung von Car Sharing Fahrzeugen die Kilometeranzahl, die mit privaten PKWs gefahren wurde, um 21 Prozent gesenkt werden. Diese Daten sind aber mit Vorsicht zu genießen, da viele Nutzer von Car Sharing zusätzlich noch einen privaten PKW besitzen und nur kleinere Strecken mit dem Car Sharing Auto zurücklegen, die sie sonst zu Fuß oder mit dem Fahrrad bewältigt hätten. Das würde dann eher zu einer Steigerung der CO_2-Emissionen führen. Ebenfalls nachteilig wirkt sich aus,

---

[26] Vgl. ADAC: Sparen beim Fahren – Wohlfühl-Temperaturen im Auto erhöhen den Verbrauch.
[27] Vgl. ADAC: Sparen beim Fahren – Sprit sparen mit Leichtlauf-Motorölen.
[28] Vgl. Lehner (2012), S. 71.

dass Car Sharing ein gut ausgebautes öffentliches Verkehrsnetz benötigt und damit nur in Großstädten nützlich und in ländlichen Regionen eher ungeeignet ist.[29]

4.3 Fahrzeugkommunikation

Die Vernetzung von Fahrzeugen untereinander und mit der Infrastruktur kann nicht nur die Sicherheit signifikant erhöhen, sondern auch Kraftstoff sparen und somit die Umwelt entlasten. So leiten beispielsweise die Autos Informationen über Risiken und Gefahren weiter, um so die Gefahr von Unfällen zu reduzieren. Ebenso werden Informationen zur aktuellen Verkehrssituation weitergegeben, wodurch die Stauwahrscheinlichkeit um etwa 40 Prozent sinkt. Außerdem wird der Verkehrsfluss verbessert, indem die Kapazitäten im Stadtverkehr um bis zu 40 Prozent und auf Autobahnen sogar um bis zu 80 Prozent erhöht werden. Auch die Parksuchzeiten werden um bis zu 30 Prozent reduziert. Durch die Zeiteinsparung wird folglich auch weniger verbraucht und somit sinkt auch der CO_2-Ausstoß. Bei der Fahrzeug-zu-Infrastruktur-Kommunikation bekommt das Fahrzeug Informationen über die aktuelle Ampelphase. Erhält das Auto das Signal, dass die Ampel auf Rot steht, erkennt der Wagen dies und passt die Geschwindigkeit an, um die Kreuzung bei der nächsten Grünphase zu überfahren. Dadurch muss das Auto nicht komplett zum Stillstand kommen, wodurch der hohe Kraftstoff verbrauch beim Anfahren umgangen wird.[30]

5 Innovationen für konventionelle Antriebe

5.1 Downsizing

Um den Verbrauch und die Treibhausgasemissionen zu drosseln, wurden einige Verbesserungen an den Verbrennungsmotoren von den Herstellern umgesetzt. Unter anderem wurde das Gewicht des Motors verringert und Reibungsverluste reduziert, sowie die Katalysator-Technik verbessert. Außerdem wurde die hubraumbezogene Leistung durch variable Ventilsteuerung, Aufladung, Kraftstoff-Direkteinspritzung, die Erhöhung des Verdichtungsverhältnisses und Selbstzündung erhöht. Dies wird als Downsizing be-

---

[29] Vgl. Lehner (2012), S. 71ff.
[30] Vgl. Bundesministerium für Verkehr und digitale Infrastruktur: Die mobile Zukunft beginnt jetzt!, S. 4ff.

zeichnet und hat zur Folge, dass der Gesamtwirkungsgrad des Motors gesteigert werden kann.[31]

Beim Downsizing wird der Hubraum des Motors verkleinert, wobei die Leistung gleichbleibt. Dabei kann auch die Zahl der Zylinder reduziert werden. Positiv ist, dass der Betrieb im Teillastbereich, in dem ein schlechter Wirkungsgrad besteht, auf Grund des kleineren Hubraums häufiger vermieden wird. Durch die Verkleinerung des gesamten Motors, wird außerdem die innermotorische Reibung reduziert. Um die Hubraumverkleinerung zu kompensieren, werden häufig sogenannte Turbolader eingesetzt. Diese sorgen dafür, dass mehr Luft-Kraftstoff-Gemisch in den Brennraum gelangt, indem der systemische Luftdruck erhöht wird.[32]

5.2 Abgaswärmenutzung

Ein großer Teil der Abwärme im Motoröl, Kühlwasser und in Form von heißen Abgasen bleibt momentan ungenutzt, wobei sich die die Wärme der Abgase aufgrund ihrer hohen Temperatur besonders gut nutzen lässt. Abbildung 1 verdeutlicht zwei Alternativen die Abgase zu nutzen, entweder zum Erwärmen bestimmter Komponenten oder durch Umwandlung in höherwertige Energieformen.[33]

---

[31] Vgl. Kreyenberg (2016), S. 33.
[32] Vgl. Helms et al. (2010), S. 323f.
[33] Vgl. Rauscher/Finsterwalder (2015), S. 337f.

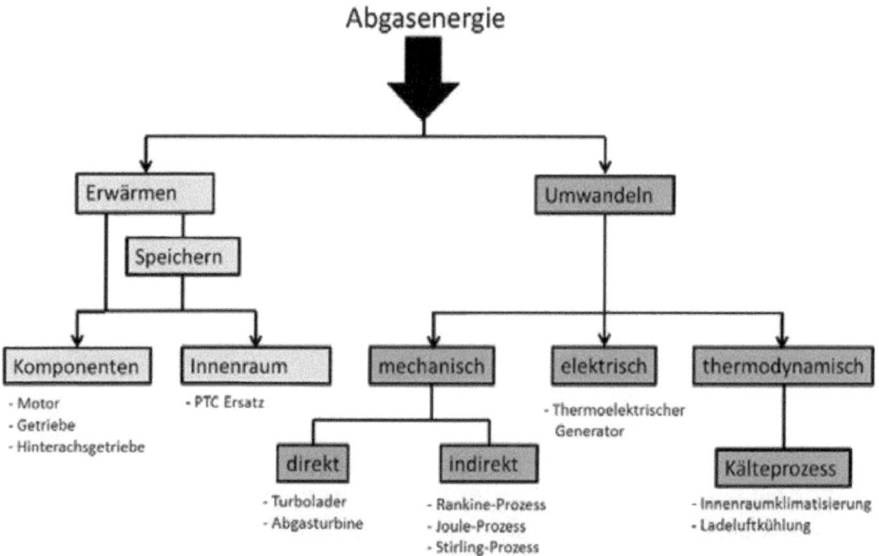

Abbildung 1: Übersicht Abgaswärmenutzungstechnologien[34]

Die linke Seite der Abbildung 1 veranschaulicht die Nutzung der Abgasenergie als Wärmequelle. Eine Möglichkeit besteht darin, Motoröl, Kühlmittel oder Getriebeöl sowie die dazugehörigen Komponenten, schneller auf die benötigte Temperatur zu erwärmen. Erreicht wird dies durch einen Wärmeübertrager, der im Abgasstrang integriert ist. Dadurch sinkt die Viskosität dieser Betriebsmedien und somit reduziert sich auch die Reibung in den entsprechenden Komponenten des Antriebsstranges. Der Motor muss dementsprechend eine geringere Leistung aufbringen, was zu einer Einsparung des Kraftstoffs führt. Das Getriebe benötigt deutlich länger um die gewünschte Temperatur zu erreichen, während das Kühlwasser und das Motoröl relativ schnell auf Betriebstemperatur sind. Dadurch kann das erwärmte Kühlwasser auch zur Erwärmung des Innenraums genutzt werden, was bei längeren Fahrten zu einem verbesserten Komfort beitragen kann. Speziell der Dieselmotor erzeugt nicht genug Abwärme um den Innenraum aufzuheizen, wodurch aktuell elektrische Zusatzheizer zum Einsatz kommen. Auf diese könnte durch Nutzung der Abgase in Zukunft verzichtet werden. Sobald die Wär-

---

[34] Vgl. Rauscher/Finsterwalder (2015), S. 337.

me nicht mehr gebraucht wird, besteht die Möglichkeit mittels eines Wärmespeichers die Abgasenergie in Form von Wärme zu konservieren und beim nächsten Kaltstart zu verwenden.[35]

Wie die Abgasenergie dauerhaft genutzt werden kann, zeigt die rechte Seite der Abbildung 1. Ziel ist es hier, durch Umwandlung der Abgase in höherwertige Energieformen, permanent Kraftstoff zu sparen. Mit Hilfe einer Abgasturbine oder einem Wärme-Kraft-Prozess kann eine mechanische Umwandlung erfolgen. In Form von mechanischer Arbeit, kann die umgewandelte Energie dabei direkt zum Antrieb umgesetzt werden. Andernfalls ist auch eine Umwandlung über einen Generator in elektrische Energie möglich. Ferner kann ein thermoelektrischer Generator eingesetzt werden, um die Abwärme in Strom umzuwandeln. Dieser kann durch Einspeisung in das Bordnetz die Lichtmaschine entlasten, was wiederum zu einer Entlastung des Motors und damit zu einer Kraftstoffeinsparung führt. Ebenfalls zur Reduzierung der Motorlast trägt eine Entlastung der Klimaanlage bei. Wenn die Abgaswärme zum Antrieb eines Dampfstrahlprozesses genutzt wird, kann somit eine Temperatur kälter als die Umgebung geschaffen werden. Diese Kühlleistung kann somit zur Klimatisierung des Innenraums genutzt werden, aber auch zur Kühlung der Ladeluft, was einen effizienteren Motorbetrieb zur Folge hat.[36]

6 Alternative Antriebe

6.1 Batteriefahrzeuge

Das Batteriefahrzeug verfügt über einen relativ einfachen Systemaufbau, der im Wesentlichen nur aus drei Komponenten besteht: Dem Elektromotor, dem Energiespeicher und den Steuergeräten. Der Strom der in die Batterie geladen wird, wird in der Ladeeinheit über einen Wechselrichter in Gleichstrom umgewandelt. Die Batterie dient dabei nicht nur als Antriebseinheit, sondern auch als Stromquelle für die Nebenverbraucher.[37]

Inwiefern ein batteriebetriebenes Fahrzeug effizienter ist, kann nur durch eine Ökobilanz ermittelt werden. Dabei werden die bei der Herstellung, Instandsetzung, Nutzung

---

[35] Vgl. Rauscher/Finsterwalder (2015), S. 338.
[36] Vgl. Rauscher/Finsterwalder (2015), S. 338f.
[37] Vgl. Kreyenberg (2016), S. 43.

und Entsorgung anfallenden Treibhausgasemissionen und der dabei entstehende Energiebedarf ermittelt. Um geringe Treibhausgasemissionen zu garantieren, ist eine Nutzung von regenerativen Energiequellen unumgänglich. Dabei handelt es sich um Energieträger, die sich entweder auf natürliche Weise im Jahresgang erneuern oder unbeunbegrenzt verfügbar sind. Dazu zählen Windenergie, Sonnenenergie, Wasserkraft, Erdwärme und Biomasse. Nicht regenerative Energiequellen sind dementsprechend Erdöl, Erdgas, Kernkraft und Kohle.[38]

Abbildung 2 zeigt im Vergleich die Ökobilanz eines primär städtisch eingesetzten Mittelklasse-PKW mit einem Verbrennungsmotor und einem Elektromotor. Dabei wird nochmals zwischen Benzin, Diesel, deutschem Strommix und Strom aus Windkraft unterteilt. Die entstehenden Treibhausgasemissionen sind auf die drei Bereiche Fahrzeugherstellung, Well to Tank und Tank to Wheels aufgeteilt. Well to Tank umfasst den Abschnitt von der Anbaufläche des Rohstoffes oder vom Bohrloch des Kraftstoffes über die Kraftstoffherstellung bis zur Tankstelle. Die Nutzung ab der Tankstelle wird unter Tank to Wheels aufgezeigt.[39]

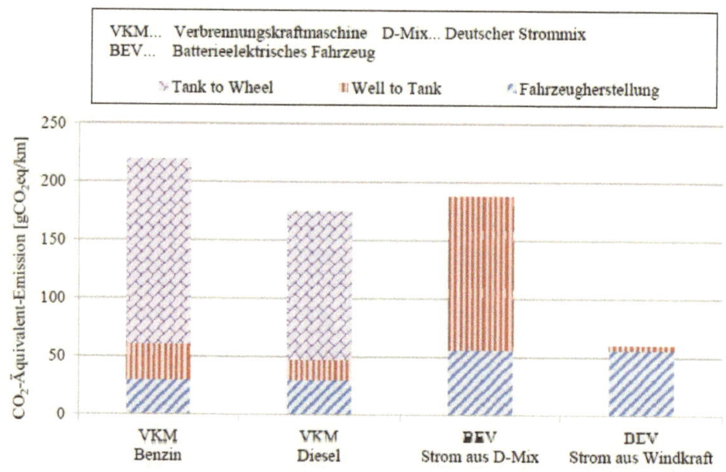

Abbildung 2: Lebensweganalyse der Treibhausgasemissionen eines PKW[40]

---

[38] Vgl. Tober (2016), S. 15.
[39] Vgl. Tober (2016), S. 16.
[40] Vgl. Tober (2016), S. 18.

Wie in Abbildung 2 dargestellt, sind die Treibhausgasemissionen bei der Fahrzeugherstellung des Elektromotors ungefähr doppelt so hoch wie beim Verbrennungsmotor. Die Emissionen die bei der Erzeugung von Strom aus dem deutschen Strommix entstehen sind sechs- bis siebenmal höher als bei der Herstellung von Benzin oder Diesel. Positiv beim Elektromotor ist die Tatsache, dass bei der Nutzungsphase (Tank to Wheel) keine Treibhausgasemissionen anfallen. Bei den fossilen Kraftstoffen verursacht dieser Bereich allerdings den größten Anteil der Emissionen in der Lebensweganalyse. Somit fällt die Ökobilanz des batterieelektrischen PKW um gerade einmal 14 Prozent günstiger aus verglichen mit dem benzinbetriebenen PKW. Das dieselbetriebene Fahrzeug hingegen beziffert sogar sieben Prozent weniger Treibhausgasemissionen als das Fahrzeug mit Elektromotor mit dem deutschen Strommix. Nur der PKW angetrieben mit Strom aus Windkraft hat einen deutlich geringeren Ausstoß von Treibhausgasen, nur ungefähr ein Viertel des benzinbetriebenen PKW. Der Vorzug liegt in der Erzeugung der Energie, bei der deutlich weniger Emissionen entstehen. Ein Vorteil besteht also nur dann, wenn es sich bei der benötigten Energie um eine regenerative Energiequelle handelt.[41]

6.2 Brennstoffzellenfahrzeuge

Beim Brennstoffzellenfahrzeug wird mit Hilfe einer Brennstoffzelle Wasser in Energie umgewandelt, wodurch der Elektromotor angetrieben wird.[42] Streng genommen handelt es sich dabei auch um Serielle-Hybride (siehe Abschnitt 6.3). Der in der Brennstoffzelle erzeugte Gleichstrom wird darüber hinaus auch für Nebenverbraucher verwendet. Ein Teil wird aber auch zum Aufladen der Batterie genutzt. Diese dient der kurzfristigen Deckung von Spitzenlastanforderungen des Elektromotors, sowie zur Leistungsüberbrückung.[43]

Der größte Vorteil der Fahrzeuge mit einer Brennstoffzelle ist der Energieträger Wasserstoff, der einerseits bei der Verbrennung keine Treibhausgase emittiert und andererseits unbegrenzt verfügbar ist. Nachteilig wirkt sich der schlechte energetische Wirkungsgrad von Wasserstoff aus. So kommt durch den zwischengeschalteten Umwandlungsschritt von Strom zu Wasserstoff und wieder zurück, nur lediglich 26

---

[41] Vgl. Tober (2016), S. 16f.
[42] Vgl. Bertram/Bongard (2014), S. 36.
[43] Vgl. Kreyenberg (2016), S. 44.

Prozent der eingesetzten Energie am Rad an. Zum Vergleich: Beim Batteriefahrzeug kommt noch rund 77 Prozent der eingesetzten Energie am Rad an.[44]

6.3 Hybridfahrzeuge

Der Ursprung des Wortes Hybrid liegt in Griechenland und bedeutet so viel wie „gemischt". Ein Hybridfahrzeug verfügt sowohl über zwei Energiewandler als auch über zwei Energiespeicher. Die wichtigsten Hybridkonzepte werden im Folgenden näher beleuchtet.[45]

Das Mild-Hybride-Fahrzeug ist ein PKW mit Verbrennungsmotor und zusätzlichem Elektromotor. Dieser Elektromotor dient der Bremsenergierückgewinnung, die im Hybridakku gespeichert wird. Die gespeicherte Energie wird dann beim Beschleunigen zur Unterstützung des Verbrennungsmotors genutzt.[46]

Durch einen leistungsstärkeren Elektromotor und einer Batterie mit höherer Kapazität unterscheidet sich der Voll-Hybrid vom Mild-Hybrid. Dies versetzt den Voll-Hybrid in die Lage kurze Distanzen rein elektrisch zu fahren. Der Ladevorgang des Akkus erfolgt durch den Verbrennungsmotor und durch die Rückgewinnung der Bremsenergie, wodurch das Aufladen unabhängig vom Stromnetz ist. Allerdings hebt sich die Energieeinsparung zum Teil wieder auf, da die Batterie über ein zu hohes Gewicht verfügt. Ein weiterer Nachteil sind die hohen Kosten der Produktion.[47]

Die Mild-Hybride und die Voll-Hybride werden auch als Parallel-Hybride bezeichnet, da eine Parallelschaltung der beiden Energiewandler Elektromotor und Verbrennungsmotor vorliegt. Diese können somit kombiniert, rein elektrisch oder rein verbrennermotorisch genutzt werden.[48]

Ein weiteres Hybridkonzept ist der Plug-in-Hybrid, der auch als Mischhybrid bezeichnet wird. Dieser verfügt über eine größere Batterie als die Parallel-Hybride, welche außerdem über einen Netzanschluss aufgeladen werden kann.[49] Auch der Elektromotor ist

---

[44] Vgl. Bertram/Bongard (2014), S. 36f.
[45] Vgl. Kreyenberg (2016), S. 40.
[46] Vgl. Bertram/Bongard (2014), S. 30.
[47] Vgl. Bertram/Bongard (2014), S. 30f.
[48] Vgl. Kreyenberg (2016), S. 40f.
[49] Vgl. Kreyenberg (2016), S. 41.

leistungsstärker, wodurch beim Plug-in-Hybrid von einer Weiterentwicklung des Voll-Hybrids gesprochen wird. Der Verbrennungsmotor ist dafür kleiner und kommt nur zum Einsatz wenn die Batterieladung aufgebraucht ist oder in bestimmten Situationen der Elektromotor als Antriebseinheit nicht ausreicht, beispielsweise bei schneller Fahrt. Der Ladevorgang findet wie bereits erwähnt über die herkömmliche Steckdose statt oder über dafür vorgesehene Ladestationen, aber auch mittels Bremsenergierückgewinnung.[50]

Über längere Sicht wird der Plug-in-Hybrid den Voll-Hybrid ersetzen, da ersterer an der Steckdose mit erneuerbaren Energien aufgeladen werden kann und darüber hinaus nur etwa halb so viele Treibhausgase emittiert.[51]

Das letzte Hybridkonzept, das hier näher betrachtet werden soll, sind Elektrofahrzeuge mit Range Extender. Diese verfügen über einen starken Elektromotor und einen kleinen, verbrauchsarmen Verbrennungsmotor, der im Gegensatz zum Voll-Hybrid oder Plug-in-Hybrid das Fahrzeug nicht direkt antreibt.[52] So treibt dieser nur den Generator an, der den Elektromotor, die Batterie und die Nebenverbraucher mit Strom versorgt, wenn der Ladezustand der Batterie einen gewissen Wert unterschreitet.[53] Aus diesem Grund werden Elektrofahrzeuge mit Range Extender auch Serielle-Hybride genannt. Der Vorteil liegt vor allem darin, dass der Verbrennungsmotor in einem verbrauchs- und emissionsarmen Drehzahlbereich betrieben wird. Dieser Vorzug tritt allerdings nur dann in Kraft, wenn der Verbrennungsmotor ausschließlich im Notfall benutzt wird.[54]

7 Energieeffiziente Technologien

7.1 Bremsenergierückgewinnung und Auto Start Stop Funktion

Die Wiederverwendung der Bremsenergie und das automatische ausschalten des Motors bei Stop-and-go-Bedingungen sind Methoden, die den Verbrauch senken und damit die Effizienz steigern. Diese beiden Technologien sollen hier am Beispiel von den Bayerischen Motoren Werken (BMW) näher erläutert werden. Sie werden als Bremsenergie-

---

[50] Vgl. Bertram/Bongard (2014), S. 32.
[51] Vgl. Bertram/Bongard (2014), S. 31.
[52] Vgl. Tober (2016), S. 6.
[53] Vgl. Bertram/Bongard (2014), S. 33.
[54] Vgl. Kreyenberg (2016), S. 43.

rückgewinnung sowie als Auto Start Stop Funktion bezeichnet und firmieren unter dem Oberbegriff Efficient Dynamics.[55] Anderen Herstellern haben möglicherweise eine andere Bezeichnung.

Bei der Bremsenergierückgewinnung wird die Batterie aufgeladen, wenn der Fahrer vom Gas geht oder die Bremse betätigt. Die dabei überschüssige Energie aus der Bewegung des Fahrzeugs wird als Bremsenergie bezeichnet und von der Lichtmaschine in Strom umgewandelt. Dieser wird von der Batterie gespeichert. Die Lichtmaschine, auch Generator genannt, wird über einen Keilriemen vom Motor angetrieben und produziert elektrische Energie. Heutzutage benötigen PKWs große Mengen an Energie für Nebenverbraucher, wie Sicherheits- und Komfortfunktionen. Die Bremsenergierückgewinnung ermöglicht es, den Generator beim Beschleunigen abzustellen, wodurch der Kraftstoffverbrauch um drei Prozent reduziert werden kann. Falls es zu einer starken Entladung der Batterie kommen sollte, lädt das System auch beim Beschleunigen. Bei Fahrzeugen mit Elektromotor ist die Nutzung der Bremsenergie noch intensiver, da der der Motor auch als Generator dient. Der Strom, der erzeugt wird, wenn der Fahrer den Fuß vom Gas nimmt oder wenn er bremst, kann direkt für den Antrieb genutzt werden.[56]

Zu den oben genannten Nebenverbrauchern zählen unter anderem Klimaanlage, Sitzheizung, Navigationssysteme, Radio, Fensterheber, Bremsassistent und Servolenkung. Die Energie die diese benötigen, erhöht den Kraftstoffverbrauch. Zur Verdeutlichung: In der Spitze liegt die Leistungsaufnahme der Klimaanlage bei vier Kilowatt. In den Verbrauchsangaben taucht dies aber nicht auf, da der Neue Europäische Fahrzyklus (NEFZ) die Nebenverbraucher bei der Prüfung nicht berücksichtigt. Nur über Schätzungen oder Erfahrungswerte lassen sich Angaben zum Verbrauch der Sicherheits- und Komfortfunktionen ermitteln.[57]

Ebenfalls zur Senkung des Kraftstoffverbrauchs trägt die Auto Start Stop Funktion bei, die bei kurzzeitigem Fahrzeugstillstand den Motor ausschaltet. Sobald der Fahrer in den Leerlauf schaltet und den Fuß von der Kupplung nimmt, stellt das System im Stillstand den Motor ab. Dies kann beispielsweise an der Ampel, im Stau oder bei Stop-and-go-Bedingungen geschehen. Nach Betätigung der Kupplung startet der Motor wieder au-

---

[55] Vgl. BMW: BMW Efficient Dynamics.
[56] Vgl. BMW: Bremsenergierückgewinnung.
[57] Vgl. co2online: Informationsbroschüre Klimaschutz und Energieeffizienz, S. 95.

tomatisch und die Fahrt kann ohne Verzögerung fortgesetzt werden. Sollte der Motor noch nicht die richtige Betriebstemperatur erreicht haben, sich das Innenraumklima nicht im gewünschten Bereich befinden oder die Batterie stark entladen sein, wird die Funktion nicht ausgeführt, sodass die Fahrzeugsicherheit und der Fahrzeugkomfort nicht beeinträchtigt werden. Außerdem kann der Fahrer die Auto Start Stop Funktion auch jederzeit per Knopfdruck deaktivieren. Durch das Ausschalten des Motors beim Anhalten, wird in dieser Zeit kein Sprit benötigt, was nicht nur zu einem Insgesamt geringeren Kraftstoffverbrauch führt, sondern auch zu einer Senkung der Treibhausgasemissionen.[58]

7.2 Fahrwiderstände

Ein PKW muss generell eine Anzahl von physikalischen Widerständen überwinden um ins Rollen zu kommen und schließlich auch in Bewegung zu bleiben. Dabei wird zwischen vier verschiedenen Widerständen unterschieden: Den mit zunehmender Geschwindigkeit steigenden Luftwiderstand, den mit zunehmender Steigung steigenden Steigungswiderstand, den Beschleunigungswiderstand beim Anfahren und Beschleunigen und den Rollwiderstand der Räder. Welche dieser Widerstände die größte Rolle einnimmt hängt maßgeblich von der zu fahrenden Strecke ab. So überwiegen im Stadtverkehr die Roll- und Beschleunigungswiderstände, auf Grund des ständigen Anfahrens und Abbremsens. Werden jedoch Geschwindigkeiten von 120 Stundenkilometern und mehr gefahren, macht der Luftwiderstand mehr als 75 Prozent des Verbrauchs aus (siehe Abbildung 3).[59]

---

[58] Vgl. BMW: Auto Start Stop Funktion.
[59] Vgl. co2online: Informationsbroschüre Klimaschutz und Energieeffizienz, S. 89.

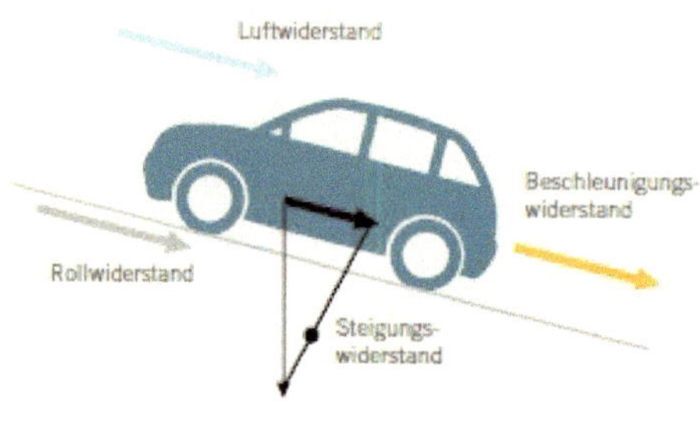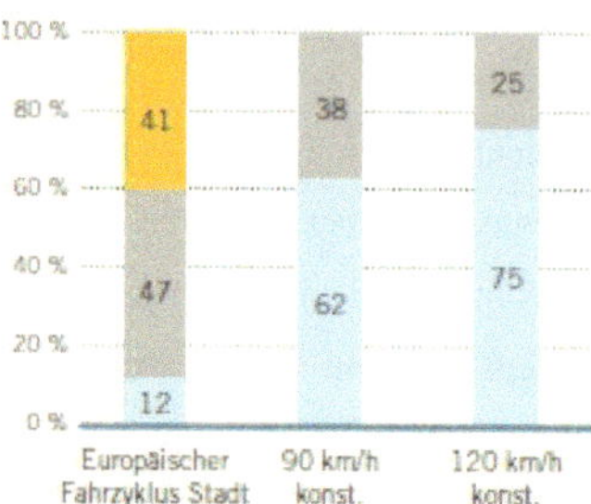

Quelle: Volkswagen AG

Abbildung 3: Fahrwiderstände eines PKW und deren Anteil im Stadtverkehr, auf der Landstraße und der Autobahn[60]

Eine Möglichkeit den Luftwiderstand zu verringern besteht durch den Einsatz von Unterbodenverkleidungen, optimierten Dachwölbungen und Spoilern. Hier sind moderne Fahrzeuge allerdings schon weit fortgeschritten, wodurch eine Reduzierung des Luftwiderstands nur von zwei bis vier Prozent möglich ist.[61]

Pro 100 Kilogramm eingespartes Gewicht liegt die Einsparmöglichkeit bei 0,35 Liter Benzin und 0,3 Liter Diesel auf 100 Kilometern.[62] Dadurch ist es auch möglich einen schwächeren und damit sparsameren Motor zu verbauen, der folglich ein kleineres Tankvolumen benötigt, wodurch wiederum Gewicht eingespart werden kann. Somit können der Beschleunigungswiderstand und der Rollwiderstand verringert werden, die nämlich unmittelbar mit dem Gewicht des Autos zusammenhängen. Wie in Abbildung 3 zu erkennen ist, spielen diese Widerstände vor allem in der Stadt eine große Rolle, wodurch der Austausch von konventionellem mit leichterem Material positive Effekte auf den Verbrauch hätte. Vorsicht muss allerdings geboten sein, da die Herstellung von Leichtbaumaterialien energieaufwändiger ist. Eine Ökobilanz muss hier aufgestellt werden, um eine tatsächliche Energieeffizienz nachzuweisen.[63]

Ein weiterer Ansatzpunkt um den Rollwiderstand zu minimieren, ist die Reibungseigenschaft der Räder, durch das Montieren von Leichtlaufreifen, zu reduzieren. In diesem Bereich sind den Optimierungen allerdings Grenzen gesetzt, da damit einhergehend

---

[60] Vgl. co2online: Informationsbroschüre Klimaschutz und Energieeffizienz, S. 90.
[61] Vgl. co2online: Informationsbroschüre Klimaschutz und Energieeffizienz, S. 90.
[62] Vgl. Helms et al. (2010), S. 321.
[63] Vgl. co2online: Informationsbroschüre Klimaschutz und Energieeffizienz, S. 89f.

auch die Haftung beim Kurvenfahren, beim Beschleunigen und beim Bremsen abnimmt. Trotzdem ist auch hier noch ein Einsparpotenzial von bis zu sechs Prozent möglich.[64]

8 Fazit

Eine Umstellung von Verbrennungsmotoren zu alternativen Antrieben ist unumgänglich. Die Ressourcen Erdöl und Erdgas werden irgendwann erschöpft sein und eine Verbesserung der Nachhaltigkeit und des Klimaschutzes ist nur durch CO_2-neutrale Energien möglich. Somit stellen auch die Hybride nur eine Übergangsform dar, so lange bis die reinen Batteriefahrzeuge auch deutlich höhere Reichweiten erzielen und die Zeit, die zum Auftanken benötigt wird, signifikant reduziert wird.[65] Eine Steigerung der Energieeffizienz stellen sie allerdings nur dar, wenn sie komplett mit erneuerbaren Energien versorgt werden.

Solange noch mit Benzin- oder Dieselmotoren gefahren wird, sollte die Nutzung dieser so effizient wie möglich gestaltet werden. Dabei wurden einige Technologien bereits umgesetzt, wie die Bremsenergierückgewinnung, die Auto Start Stop Funktion und auch die Reduzierung der Fahrwiderstände. Bei letzterem sind noch weitere Effizienzsteigerungen umsetzbar. Das Downsizing wurde hingegen schon nahezu optimal umgesetzt, sodass weitere Verbesserungen in diesem Bereich kaum möglich sind.[66]

Andere Konzepte wie die Abgaswärmenutzung sind noch nicht umgesetzt worden, versprechen aber größere Einsparpotenziale. Genauso die Fahrzeugkommunikation, die durch den Austausch von Informationen unter den Autos und zwischen dem Fahrzeug und der Infrastruktur, die Fahrzeit deutlich verringern kann und somit den Spritverbrauch senken kann.

Allerdings wurde auch ersichtlich, dass sich schon alleine durch ein angepasstes Fahrverhalten und die Einhaltung einiger einfacher Tipps, eine Reduzierung des Kraftstoffverbrauchs erzielen lässt. Somit kann jeder einzelne Fahrzeughalter seinen Teil zu einer Verringerung der Treibhausgasemissionen beitragen.

---

[64] Vgl. Helms et al. (2010), S. 322.
[65] Vgl. Tober (2016), S. 28.
[66] Vgl. co2online: Informationsbroschüre Klimaschutz und Energieeffizienz, S. 91.

Auch das Car Sharing verspricht Einsparpotenziale, wobei hier auch der Rebound-Effekt im Auge behalten werden sollte. So wird von einigen das Car Sharing Auto für Strecken genutzt, die vorher zu Fuß oder mit dem Fahrrad bewältigt wurden. Generell können bis zu 30 Prozent der Energieeinsparungen durch die Effizienzmaßnahmen auf Grund des Rebound-Effekts verloren gehen.[67]

Abschließend lässt sich sagen, dass schon einiges für eine verbesserte Effizienz getan wurde, jedoch noch genügend Potenziale vorhanden sind. In absehbarer Zukunft wird die Umrüstung von Verbrennungsmotoren auf Batteriefahrzeuge, Brennstoffzellenfahrzeuge und/oder einem anderen Auto, angetrieben durch erneuerbare Energien, alternativlos sein.

---

[67] Vgl. Pehnt (2010), S. 6.

9 Literaturverzeichnis

ADAC: Spritspar-Training – Den Fahrstil der Zukunft trainieren, (URL: https://www.adac.de/adac_vor_ort/wuerttemberg/verkehr/Spritspartraining.aspx), Download: 05.08.2016

ADAC: Sparen beim Fahren – Die Fahrweise hat den größten Einfluss auf den Verbrauch, (URL: https://www.adac.de/infotestrat/tanken-kraftstoffe-und-antrieb/spritsparen/sparen-beim-fahren-antwort-1.aspx), Download: 05.08.2016

ADAC: Sparen beim Fahren – Reifen-Luftdruck kontrollieren, (URL: https://www.adac.de/infotestrat/tanken-kraftstoffe-und-antrieb/spritsparen/sparen-beim-fahren-antwort-8.aspx?ComponentId=29541&SourcePageId=47804), Download: 05.08.2016

ADAC: Sparen beim Fahren – Abgespeckt läuft das Auto leichter, (URL: https://www.adac.de/infotestrat/tanken-kraftstoffe-und-antrieb/spritsparen/sparen-beim-fahren-antwort-5.aspx?ComponentId=29537&SourcePageId=47804), Download: 05.08.2016

ADAC: Sparen beim Fahren – Wohlfühl-Temperaturen im Auto erhöhen den Verbrauch, (URL: https://www.adac.de/infotestrat/tanken-kraftstoffe-und-antrieb/spritsparen/sparen-beim-fahren-antwort-6.aspx?ComponentId=29539&SourcePageId=47804), Download: 05.08.2016

ADAC: Sparen beim Fahren – Sprit sparen mit Leichtlauf-Motorölen, (URL: https://www.adac.de/infotestrat/tanken-kraftstoffe-und-antrieb/spritsparen/sparen-beim-fahren-antwort-11.aspx?ComponentId=29571&SourcePageId=47804), Download: 05.08.2016

Bertram, M. / Bongard, S. (2014): Elektromobilität im motorisierten Individualverkehr – Grundlagen, Einflussfaktoren und Wirtschaftlichkeitsvergleich, Wiesbaden

BMW: BMW Efficient Dynamics, (URL: https://www.bmw.de/de/footer/publications-links/technology-guide/bmw-efficientdynamics.html), Download: 28.07.2016

BMW: Bremsenergierückgewinnung, (URL: https://www.bmw.de/de/footer/publications-links/technology-guide/bremsenergierueckgewinnung.html), Download: 28.07.2016

BMW: Auto Start Stop Funktion, (URL: https://www.bmw.de/de/footer/publications-links/technology-guide/auto-start-stop-funktion.html), Download: 28.07.2016

Bundesministerium für Verkehr und digitale Infrastruktur: Die mobile Zukunft beginnt jetzt!, 07.03.2016, (URL:

https://www.bmvi.de/SharedDocs/DE/Publikationen/DG/automatisiertes-fahren.pdf?__blob=publicationFile), Download: 03.08.2016

co2online: Informationsbroschüre Klimaschutz und Energieeffizienz, August 2015, (URL:

http://www.co2online.de/fileadmin/co2/Multimedia/Broschueren_und_Faltblaetter/co2online-broschuere-energieeffizienz-klimaschutz-2016.pdf), Download: 20.07.2016

Helms, H. / Lambrecht, U. / Hanusch, J. (2010): Energieeffizienz im Verkehr, in: Pehnt, M.: Energieeffizienz – Ein Lehr- und Handbuch, Heidelberg, S. 309-329

Kreyenberg, D. (2016): Fahrzeugantriebe für die Elektromobilität – Total Cost of Ownership, Energieeffizienz, CO_2-Emissionen und Kundennutzen, Wiesbaden

Lehner, A. (2012): Vergleich unterschiedlicher Mobilitäts- und Fahrzeugkonzepte im Bereich der Elektromobilität, Kapfenberg

Pehnt, M. (2010): Energieeffizienz – Definitionen, Indikatoren, Wirkungen, in: Pehnt, M.: Energieeffizienz – Ein Lehr- und Handbuch, Heidelberg, S. 1-34

Rauscher, M. / Finsterwalder, F. (2015): Abgaswärmenutzung im Automobil: Konzepte und Herausforderungen, in: Proff, H.: Entscheidungen beim Übergang in die Elektromobilität – Technische und betriebswirtschaftliche Aspekte, Wiesbaden, S. 335-345

Tober, W. (2016): Praxisbericht Elektromobilität und Verbrennungsmotor – Analyse elektrifizierter Pkw-Antriebskonzepte, Wiesbaden

Verkehrsclub Deutschland: Die zehn Spritspartipps, September 2009, (URL: https://www.vcd.org/fileadmin/user_upload/Redaktion/Themen/Auto_Umwelt/Spritsparen/20090901_VCD-Spritsparflyer.pdf), Download: 01.08.2016

BEI GRIN MACHT SICH IHR WISSEN BEZAHLT

- Wir veröffentlichen Ihre Hausarbeit,
  Bachelor- und Masterarbeit

- Ihr eigenes eBook und Buch -
  weltweit in allen wichtigen Shops

- Verdienen Sie an jedem Verkauf

Jetzt bei www.GRIN.com hochladen
und kostenlos publizieren